김종원의
진짜 부모 공부

김종원의 진짜 부모 공부

초판 1쇄 발행 2023년 8월 29일
초판 5쇄 발행 2023년 11월 8일

지은이 | 김종원
펴낸이 | 金湞珉
펴낸곳 | 북로그컴퍼니
책임편집 | 김나정
디자인 | 김승은
주소 | 서울시 마포구 와우산로 44 (상수동), 3층
전화 | 02-738-0214
팩스 | 02-738-1030
등록 | 제2010-000174호

ISBN 979-11-6803-068-8 03590

부모와 아이 모두 행복해지는
하루 10분 필사의 기적

김종원의 진짜 부모 공부

북로그컴퍼니

육아서를 아무리 읽어도 아이가 나아지지 않는 이유

"나에게는 꿈이 있습니다! 나의 네 자녀가 한날 피부색이 아닌, 오직 한 사람의 인격으로 평가받는 나라에서 살아가는 것입니다."

'나에게는 꿈이 있습니다.'라는 말로 시작하는 이 연설을 모르는 사람은 아마 없을 겁니다. 1963년 8월 28일 '흑인의 고용과 자유 쟁취를 위한 워싱턴 행진'에서 흑인 인권 운동가 '마틴 루서 킹' 목사가 한 연설 중 일부죠. 그는 어릴 때부터 극심한 흑백 차별을 겪으며 자랐습니다. 스스로 하나하나 개척하는 멋진 삶을 꿈꿀 수 없는 포기와 절망이 당연한 삶이었죠. 하지만 그에게는 매우 강력한 힘이 있었습니다. 바로 오랫동안 목사로 살아온 아버지의 '말'! 마틴 루서 킹은 또래 아이들과 크게 다르지 않은 환경에서 자랐지만, 아버지의 말 덕분에 다른 흑인들과는 전혀 다른 삶을 선택할 수 있었습니다.

그가 어린 시절부터 아버지에게 자주 들은 말은 이러했는데요, 이 말을 들은 어린 마틴 루서 킹이 당시 어떤 마음을 가졌을지 상상하며 읽어보세요.

“삶이 아무리 힘들어도 무관심한 방관자는 되지 말자.”

“네가 배운 모든 경험과 지혜를 주변과 나누며 살아야 한다.”

“나쁜 건 우리의 것이 아니야. 오직 빛으로만 어둠을 몰아낼 수 있단다.”

마틴은 믿음과 소망, 그리고 사랑이라는 가치를 아버지의 입을 통해 일상생활에서 듣고 깨우치며 살았습니다. 그러니 자연스레 아름다운 가치를 실천하는 사람으로 성장할 수 있었죠. 듣기만 해도 내면이 풍성해지는 부모님의 말 덕분에 마틴은 자신에게 주어진 삶을 지혜롭게 살아갈 수 있었습니다. 저는 이러한 마틴의 삶이 낭독의 가치를 잘 보여준다고 생각합니다.

한번 생각해보세요. 아이를 지혜롭게 기르는 방법에 관한 육아서는 넘쳐납니다. 경험에서 나온 빛나는 철학을 담은 농밀한 책도 많죠. 그런데 그 좋다는 글을 아무리 읽어도 왜 삶은 전혀 나아지지 않는 걸까요? 이유는 매우 간단합니다. 그 좋은 글이 아직 나의 것이 되지 않았기 때문입니다. 그럼 어떻게 해야 ‘내 것’으로 만들 수 있을까요? 답은 낭독과 필사에 있습니다. 그 두 과정을 거치면 최악의 환경에서도 마틴의 아버지처럼 자녀에게 지혜와 힘이 되어줄 말과 글을 전할 수 있습니다. 제가 운

영하는 각종 SNS와 제가 출연한 유튜브 영상 댓글을 살펴보면, 그런 신비로운 변화의 경험을 하셨다는 분들이 많습니다. 제가 안내하는 글을 단순히 읽는 데서 끝내지 않고, 낭독하고 필사하며 자신의 말과 글로 내면에 담아낸 자만이 맛볼 수 있는 변화입니다. 그리고 그들은 근사한 사실 하나를 더 알고 있습니다. '부모의 시작이 곧 아이의 기적이다.' 우리가 지금 당장 이 책을 읽고 필사해야만 하는 이유입니다.

이 책은 총 5개의 파트로 이루어집니다. 1장 '우리는 부모다'에서는 부모가 가져야 할 일상의 철학을 소개합니다. 2장 '사회 구성원으로 자라날 아이를 위해'에서는 언젠가 독립해야 할 아이에게 꼭 필요한 것은 무엇이며, 그 요소들을 아이들에게 어떻게 전할 수 있을지 설명합니다. 3장에서는 '어른이 되기 전 바로 세워야 할 원칙들'에 대해 소개하며, 4장 '아이의 삶에 빛이 되는 부모의 한마디'에서는 직접적인 '부모의 말'을 다루며 부모가 육아와 자녀 교육에 자신감을 가질 수 있게 도와줍니다. 그리고 마지막 5장 '아이의 인생을 망치는 부모의 한마디'에서는 부모의 어떤 말이 아이의 가능성과 가치를 망치고 있는지 하나하나 살펴봅니다. 이렇게 총 5단계를 거치며 여러분은 부모에게 필요한 모든 정보를 내면에 담을 수 있으며, 나아가 필사와 낭독을 통해 언어를 때에 맞게 자신의 것으로 바꾸어 아이에게 꺼내줄 수 있을 것입니다.

괴테의 아버지는 어린 괴테에게 최고의 가르침을 주고 싶어서, 그 당시 수준이 높다고 생각되는 글들을 낭독하고 필사했습니다.

'부모가 낭독과 필사로 자신의 뜻을 분명히 세우면 아이는 어떠한 바람에도 흔들리지 않는다.'

바로 이 문장이 독일 문학의 거장이자 철학가인 괴테를 제가 15년 동안 연구하며 발견한 부모 교육의 핵심입니다. 괴테는 훗날 다음과 같이 말함으로써 자신이 어떠한 교육을 받았는지를 증명했습니다.

"할 수 있다는 생각과 믿음이 있다면, 조금도 지체하지 말고 당장 실행에 옮겨라. 실천에는 마법과 기적, 그리고 은총이라는 거대한 힘이 있다."

비가 내리는 이유는 비가 내려야 하는 모든 조건이 충족됐기 때문이고, 누가 봐도 잘 자란 아이는 그럴 만한 성장 조건이 갖춰져 있기 때문일 겁니다. 아이를 어떻게 키우고 싶나요? 누가 봐도 잘 자란 아이로 키우고 싶다면, 다시 한번 기억해주세요. 아이를 세상에 필요한 존재로 만드는 것 중 부모의 사랑보다 더 큰 건 없습니다. 그러나 그보다 더 앞서 기억해야 할 사실은 '부모가 아무리 뜨거운 사랑을 전했다 할지라도, 아이가 느끼지 못했다면 사랑을 주지 않은 것과 같다.'는 것입니다. 우리는 속에 품은 마음을 말과 글로 표현할 수 있어야 합니다.

필사와 낭독은 모든 부모가 해야 할 최소한의 지적 행동입니다. 여기 그 핵심이 될 101개의 메시지를 전합니다. 101개의 메시지를 낭독하고 필사하다 보면, 여러분의 세계는 더욱 깊고 풍성해질 것입니다. 이제 자녀 교육의 두려움과 고통이 사라진, 희망과 지혜가 가득한 새로운 세상을 만나보세요.

CONTENTS

PART 1

우리는 부모다

PART 3

어른이 되기 전 바로 세워야 할 원칙들

PART 4

아이의 삶에 빛이 되는 부모의 한마디

PART 5

아이의 인생을 망치는 부모의 한마디

PART 1

우리는 부모다

아이에게 부모를 선택할 기회가 주어졌다면

아이를 키우다 보면
행복하고 좋을 때도 많지만
그렇지 않은 순간도 분명 존재합니다.
아이의 어떤 부분이 마음에 들지 않으면
부모는 순간 괴로워지기까지 합니다.
그럴 때 이렇게 생각해보면 어떨까요?

'만약 내 아이에게
부모를 선택할 수 있는 기회가 주어졌다면
과연 내 아이는 나를 선택했을까?'

자신 있게 답할 수 있다면 당신은 좋은 부모입니다.
그러나 대답할 자신이 없다면
'부모로서의 나'에 대해 성찰하는 기회로 삼기를 바랍니다.
우리는 서로에게 가장 귀한 손님임을 언제나 기억해야 합니다.

내면이 강한 부모는 가장 근사한 교과서다

내면이 강한 부모는
아이에게 무엇도 강요하지 않습니다.
내면이 강한 부모의 삶을 가까이에서 보고 자란 아이가
이미 자기 삶에 필요한 것들을 척척 잘 해내고 있기 때문이죠.
내면이 강한 부모가 삶 전반에 그 빛을 발하면
아이 또한 부모의 모습을 닮아
자기 삶을 주도적으로 살아갈 수 있습니다.

삶을 모범적으로 사는 부모는
아이에게 각종 규칙과 그에 따른 행동에 대해
굳이 하나하나 알려줄 필요가 없습니다.
아이에게 가장 근사한 교과서는 부모의 일상 그 자체입니다.

올바른 목적을 세우면 육아는 흔들리지 않는다

올바른 목적이 없는 사람은
육아라는 항해를 무사히 마치기 힘듭니다.
올바른 목적만이 항해를 마칠 수 있는
용기와 힘을 주기 때문입니다.

"나는 아이를 어떻게 키우고 싶은가?"
"내가 생각하는 길이 아이에게도 좋은 영향을 줄 수 있는가?"
"아무리 힘이 들어도 견딜 수 있나?"

이 질문들이 힘든 육아의 길을
조금은 편히 건널 수 있도록 도울 것입니다.

육아의 목적이 바르지 않으면
좋은 과정도 멋진 결과도 기대할 수 없습니다.
아이를 대하는 마음에 욕망이 녹아 있다면
처음 설정한 목표는 사라지고
헛된 것만 추구하게 될 것입니다.

지금 그대로도 훌륭한 부모

아이와 많은 시간 함께해주지 못하는
처지를 원망하지 마세요.
더 좋은 환경을 제공해주지 못하는
무능에도 아파하지 마세요.
당신은 지금 그대로도 충분히 훌륭합니다.
단지 '부모'라는 이유로
완벽한 사람이 될 필요는 없습니다.
아이를 사랑하는 마음 하나면 충분합니다.
그 마음이 어떤 유명한 육아법이나
좋은 환경보다도 더 위대합니다.

말 많은 부모, 주관이 없는 부모, 강압적인 부모

말이 많은 부모는 아이 입을 닫게 하고
주관이 없는 부모는 아이를 흔들리게 하고
강압적인 부모는 아이를 약하게 만듭니다.

내가 말하기보다 아이의 말을 들어주고
일관된 철학과 사랑으로 마음의 안식처가 되어주고
행동으로 부드러움이 강함을 이길 수 있음을 보여준다면

그 부모는 아이가 바라는
가장 멋지고 훌륭한 엄마, 아빠입니다.
바로 그런 부모가 아이에게는
세상에서 가장 근사한 스승입니다.

아이가 원하는 부모

아이가 원하는 부모는
집 밖에서 따듯한 부모가 아닌
집 안에서 따듯한 부모입니다.

아이에게 필요한 부모는
집 밖에서 대단한 부모가 아닌
집 안에서 대단한 부모입니다.

아이에 대한 관점과 시선을 바꾸면

세상에 장점 하나 없는 사람은 아무도 없습니다.
재능 또한 마찬가지입니다.
그러나 자녀의 장점과 재능이 무엇인지
아직 파악하지 못한 부모가 많습니다.
등잔 밑이 어둡다는 말을 괜히 하는 게 아닙니다.
주변 사람들은 내 아이의 장점과 재능을 칭찬하고 있는데
정작 나만 아이의 단점에 주목하고 있지는 않나요?

아이에 대한 관점과 시선을 바꿔보세요.
아이의 단점이라 생각했던 면면이 장점일 수 있습니다.
부족하다고 여기던 것이 재능일 수 있습니다.
돈과 시간이 들어가는 일도 아니니 어려울 것 없습니다.
지금 당장 실천해보세요.
아이의 인생이 바뀌는 첫 순간이 될 것입니다.

아이의 상상 속 빨간 토끼의 교훈

빨간 크레용으로 토끼를 그리는 아이를 보고
어른들은 비웃으며 이 세상에 빨간 토끼는 없다고 말했습니다.
그러자 아이는 어른들이 생각지도 못한 기발한 대답을 내놓았지요.

"세상에는 없지만 제 그림 속에는 있어요."

그 아이는 바로 러시아의 대문호 톨스토이입니다.

대부분의 아이들은 그림을 그릴 때
자주 쓰는 색들만 반복해 사용하고는 합니다.
다른 크레용들은 반 이상이 거의 새것으로 남아 있지요.
대다수의 부모가 이 사실을 모르거나 대수롭지 않게 여깁니다.

하지만 현명한 부모라면
아이가 평소 쓰지 않던 색도 쓸 수 있게 교육해야 합니다.
다른 색으로 그림을 그릴 수 있는 아이가
다른 길을 선택하고 다른 꿈도 꿀 수 있습니다.

부모의 이기심이 개성 없는 아이를 만든다

당신 안의 이기심을 경계하세요.
부모의 이기적인 마음과 생각은 아이의 미래에 치명적입니다.
부모의 그릇된 판단 때문에
아이는 본래의 모습, 장점, 개성을 잃은 채
존재감이 미미한 평범한 삶을 살게 될지도 모릅니다.
아이의 오늘과 내일을 위해 이기심을 버리세요.
아이가 자기만의 고유성을 자랑스럽게 뽐낼 수 있게
긍정의 관점에서 나온 건강한 질문을 던져주세요.

위로와 격려는 부모에게도 필요하다

아이에게 들려주는 좋은 말을

나 자신에게도 해주세요.

아이에게 할 수 있다고, 사랑한다고 말할 때

나 자신에게도 해주세요.

위로와 격려는 부모에게도 필요합니다.

부모 마음이 사랑과 행복으로 충만해야

예쁘고 좋은 말이 나옵니다.

부모가 행복해야 아이도 행복해집니다.

나를 사랑할 줄 아는 부모와 함께하는 일상이

아이에게는 큰 축복입니다.

아이의 사소한 행동에 가치를 부여하면

좋은 부모는 아이에게
'나는 충분히 가치 있는 사람이다'라는 인식을
마음 깊이 심어줍니다.

아이가 직접 자기 방의 가구 위치를 바꾸고
집 안의 꽃을 가꿀 기회를 주세요.
간혹 실수도 하고 부모에게 손도 내밀 거예요.
하지만 아이는 이를 통해
자기 앞에 놓인 문제를 스쳐 보내지 않고
주도적으로 해결하기 위해 노력하는 사람으로 성장할 뿐 아니라
자신의 가치를 스스로 확인할 수 있을 거예요.

아이를 '가치 있는 한 사람'으로 믿어주세요.
아이는 부모의 그 신뢰를 기억합니다.
그 과정의 반복이 바로
한 사람의 가치를 빛나게 하는 힘의 원천입니다.

부모의 관심이 아이의 자신감이다

아이의 생각은 머리가 아닌
신체의 활발한 움직임에서 탄생합니다.
가만히 앉아 있으면 생각도 가만히 굳어버리죠.
아이가 여기저기로 움직이며 무언가를 말할 때
제지하지 마세요.
그 상황에서 아이를 제지하는 건
생각을 멈추라는 말과 같습니다.

무엇이 아이의 시선을 사로잡았는지
아이가 무얼 보고 느꼈는지
부모가 함께 관심을 가져주세요.
아이의 자신감은 부모의 관심에서 나옵니다.

어른이 될 아이에게 필요한 응원

아이는 곧 어른이 되어
자신의 삶을 살아가게 됩니다.
아이 앞에 펼쳐질 삶은
아이의 인생이지 나의 것이 아닙니다.

단단한 믿음과 농밀한 사랑
그리고 자랑스러운 마음으로
아이를 묵묵히 바라보며 응원해주세요.
아이를 향한 응원의 크기가
성장의 크기를 결정합니다.

아이의 보폭을 믿고 기다린다면

아이들은 모래만 있어도 즐겁게 놀 수 있으며,
지나가는 개미 한 마리만 있어도
한나절을 집중하며 관찰할 수 있습니다.
하지만 아이들은 그런 자신을 불안해하며 걱정하는
부모의 시선 때문에 마음이 편치 않습니다.
아이는 속으로 생각합니다.

'오랫동안 집중해서 노는 건 좋은 게 아니구나.'

부모의 마음은 왜 불안한 걸까요?
아이가 개미를 바라보는 시간에 책 읽고 공부하며
좀 더 근사한 예술 작품을 보면 좋겠다고
생각하기 때문입니다.

지금 당신에게 존재하는 불안은
아직 도착하지 않은 미래 때문에 생겨났습니다.
불안하면 아이에게 집중할 수 없고,
들려줄 그 어떤 좋은 말도 떠오르지 않습니다.
아이의 보폭을 믿고 그저 지켜보세요.
모든 것이 저절로 좋아질 겁니다.

아이의 말과 행동에서 이유를 찾아내야 하는 이유

심리학자 알프레드 아들러는 말합니다.

'인간의 모든 행동과 감정에는 목적이 있다.'

아이의 말과 행동에도 분명한 이유가 있습니다.

그런 아이의 마음을 읽지 못하고

부모가 자기 마음대로 판단해 해결책을 낸다면

이는 무용지물일 수밖에 없습니다.

그 해결책이 폭력적인 말이나 행동으로 나올 때

아이는 더욱 심각한 상처를 받습니다.

그 상처를 부모에게 드러내려고

일부러 무능력하고 무기력한 모습을 보이기도 합니다.

자기 스스로를 망치면서까지 부모의 관심을 끌려는 것이지요.

아이가 너무 안쓰럽지 않나요?

아이에게 상처를 주지 않기 위해서는

말과 행동에 숨겨진 이유와 목적을 꼭 찾아내야 합니다.

육아를 아름답게 마무리하기 위한 두 가지 사랑

아이를 향한 부모의 사랑에
두 가지 이름표를 붙일 수 있습니다.
하나는 '헌신적인 사랑'이고,
또 하나는 '냉정한 사랑'이죠.
육아에는 아이를 끝까지 믿고 사랑하는 마음도 필요하지만,
때로는 아이가 스스로 독립할 수 있도록
냉정하게 지켜보는 시간도 필요합니다.
아이를 보내야 할 때 차분하게 보내주고,
아이가 방황할 때 끝까지 방황하게 두는 것이
결국에는 아이를 위한 최고의 사랑일 때가 있습니다.
육아의 끝은 독립입니다.
아름다운 마무리를 위해서는
'헌신적인 사랑'과 '냉정한 사랑'
이 두 가지 사랑이 모두 필요합니다.

내 아이의 현재는 과거의 나보다 훨씬 낫다

자꾸만 자녀를 혼내고
아쉬운 눈으로 바라보고 있다면
내가 아이의 단점과 문제에만 집중하고 있음을 알아야 합니다.
그럴 때는 나의 어린 시절을 돌아보세요.
살짝 부끄러워지면서 아이에게 미안해질 거예요.
열 살 때의 나보다
지금 열 살인 내 아이가
더 지혜로울 수 있습니다.
사춘기 때의 나보다
지금 사춘기를 지나고 있는 내 아이가
부모의 마음을 덜 아프게 하고 있을 수 있습니다.
나는 수학을 못했는데, 아이는 꽤 잘할 수도 있지요.
지금 내 눈길을 사로잡는 아이의 단점과 문제는
어쩌면 어린 시절 나의 단점과 문제일 수 있습니다.
아이가 미워서 혼내고 싶을 때
예전의 나를 떠올려보기를 바랍니다.
그러면 지금 나의 아이에게 어떻게 대해주면 좋을지
어렵지 않게 떠올릴 수 있습니다.

눈빛은 마음의 언어

당신은 사랑과 희망의 눈빛으로 아이를 바라보고 있나요?
아니면 분노와 원망의 눈빛으로 아이를 바라보고 있나요?

눈과 눈을 마주하는 건
결코 사소한 마주침이 아닙니다.
사랑하고 있음을
가슴 깊이 신뢰하고 있음을
서로가 서로에게
마음으로 전하는 소중한 시간입니다.
때로는 평소 바라던 것을
상대에게 눈빛으로 용기 내어 전하는
놓쳐서는 안 될 시간이기도 합니다.

우리의 삶은 과거도 미래도 아닌
지금 이 순간, 현재에 있습니다.
사랑을 실천하고 뜨겁게 존재할 수 있는
유일한 순간인 지금,
아이를 바라보는 눈빛에 사랑을 담아주세요.

부모가 공부를 해야 하는 이유

자녀 교육의 좋은 모델로 알려진 나라 '프랑스'의
공신력 높은 일간지《르 피가로Le Figaro》에서 발표한
'학생들의 학업성적에 가장 큰 영향을 미치는 요소'에 관한
실험 결과가 예상 밖입니다.

우리가 흔히 생각하는 답들은
부모가 얼마나 공부했으며
몇 권의 책을 읽었고 어떠한 책을 읽었는지와 같은 것들이지만
이 기사에서는 철학, 고전, 예술 등 인문학을 대하는
부모의 자세와 기초 소양이 가장 중요하다고 말합니다.

내 아이가 뛰어나기를 바란다면
우선 나 자신을 돌아봐야 합니다.
나부터 공부해야 합니다.

아이에게 가장 좋은 교사는 부모다

아이의 성장을 옆에서 함께 경험한다는 건
세상 그 무엇과도 비교할 수 없는 위대한 일입니다.
그 위대한 일을 해낼 수 있도록 끊임없이 나를 다듬어야 합니다.
공교육이든 사교육이든, 세상에 좋은 교사는 많습니다.
하지만 어떤 교사도 부모 그 이상이 될 수는 없습니다.
그들은 돈을 받고 아이를 가르치지만,
부모는 돈을 주며 아이를 가르칩니다.
교사는 언제고 아이를 떠날 수 있지만,
부모는 평생 아이 곁에서 떠나지 않습니다.

아이는 자신을 사랑해주고 믿어주는 어른에게서
배움을 얻기를 원합니다.
우리는 언제나 이 말을 가슴에 새겨야 합니다.

아이를 사랑한다면 자유롭게 풀어주세요

어떤 이는 사랑을 고통이라 말합니다.

이때의 고통은 사랑하는 것을 내 것으로 만들겠다는 욕심에서 나옵니다.

사랑은 순결하고 아름다운 것이지, 소유가 아닙니다.

부모의 마음이 힘든 이유도

아이의 삶을 소유하려는 욕심 때문입니다.

아이의 시간은 아이만의 인생입니다.

아이의 행동은 아이만의 의지입니다.

아이의 창의력은 아이만의 가능성입니다.

아이를 사랑하는 마음에 0.1%라도

욕심이 들어가 있다면 이는 사랑이 아닙니다.

사랑하는 아이를 자유롭게 풀어주세요.

부모 가슴에 아이를 향한 사랑이 뜨겁게 끓어

그 진심이 제대로 가닿을 때

비로소 진정한 교육이 시작됩니다.

교육이란 사랑을 전하고 느끼는 일입니다.

아이에게 지금 사랑을 전해주세요.

PART 2

사회 구성원으로 자라날 아이를 위해

예절이란 쓰면 쓸수록 더욱 쌓이는 것

어른에게 밝게 웃으며 인사를 잘하는 아이는
그냥 바라만 봐도 가슴이 따뜻해집니다.
좋은 마음을 멋지게 표현할 줄 아는 아이의
밝은 미래가 그려지기 때문입니다.
예절은 남이 아닌 나를 위해 지키는 것입니다.
내 마음 즐겁기 위해 지키는 것입니다.
예절이라는 버튼이 작동하지 않는 사람은
마치 통제할 수 없는 동물과 같습니다.
예절을 잘 지키는 삶이 어떠한 가치가 있는지
아이에게 알려준다면
아이는 '인간다움'의 가장 중요한 가치를
품에 안을 수 있게 됩니다.

"예절은 나 자신을 위해 지키는 거란다."
"좋은 마음을 표현하는 게 바로 예절의 시작이지."

모든 자본은 시간이 갈수록 바닥을 드러내지만
예절이라는 지적 자본은 아무리 써도 바닥을 보여주기는커녕
아이 삶에 쌓여 고상한 내면의 가치를 더욱 빛나게 해줍니다.

공공질서를 지킬 줄 아는 아이의 힘

아이의 매일매일은
'질서를 지키는 삶'이 어떤 가치를 지니는지를 배우는
수업이어야 합니다.
아무도 지켜보지 않는 상황에서도
질서를 지켜나가는 아이는
세상을 아름답게 바꿔가는 기분을
스스로 실감할 수 있을 겁니다.

같은 계단을 올라가면서도
어떤 아이는 힘들다고 투덜거리지만,
질서를 지켜본 아이는 계단 하나하나에
특별한 의미를 두며 씩씩하게 올라갈 수 있습니다.
일상에서 공공질서를 배우고 지켜나가며
이미 '묵묵히 해내는 힘'을 알기 때문이지요.
무언가를 잘 지켜본 경험과
그렇게 세상을 바꿔본 경험은,
그래서 위대합니다.

한마디의 거짓말이 불러오는 효과

한 번 시작한 거짓말은 좀처럼 멈추기 힘듭니다.
아이는 계속해서 진짜인 척 논리적으로 거짓말을 하기 위해
엉뚱한 곳에 아까운 시간과 노력을 투자합니다.
그럴 때는 부모가 이러한 말들로
아이가 거짓말과 멀어질 수 있게 도와줘야 합니다.

"거짓말은 너와 어울리지 않아."
"우리 사이에는 늘 진실만 존재한단다."
"거짓을 동원해 무언가를 얻으려고 하지 말자.
마음 편히 사는 게 최고의 인생이야."

스스로 노력해서 얻은 소박한 음식이
걱정하며 차린 호화로운 식탁보다 우리를 행복하게 하지요.
마음 편히 먹어야 배가 탈나지 않는 것처럼
거짓 없이 마음 편히 살아야 인생이 무탈합니다.
한마디의 거짓말이 드러났다면
그때부터 백 마디의 진실을 말한다 해도 아무런 소용이 없습니다.
거짓은 순식간에 모든 진실까지 지워버리니까요.
인생에서는 늘 진실해야 합니다.

타인의 기쁨에 진심으로 기뻐하는 아이

당신의 아이가 오랜 인생을 함께할
좋은 인연을 맺기를 바란다면
타인의 기쁨에 기쁨 가득한 언어로
축하할 수 있게 도와주세요.

"네가 성공해서 내 마음도 기뻐."
"모두 네 덕분이야, 도와줘서 고마워."

내가 말하면서도
내가 듣기 좋은 기쁨의 언어들은
듣는 사람의 기분까지 좋게 만듭니다.
그러한 말들이 쌓이면 삶의 지혜까지 얻게 되지요.
타인의 기쁨에 질투하는 마음은
낮은 수준의 내면을 증명하지만,
타인의 기쁨에 함께하는 마음은
높은 수준의 지성을 보여줍니다.

기쁨과 칭찬, 축하와 긍정 등의 좋은 언어는
세상의 기쁨도 내 기쁨으로 바꿔주는 '지혜의 통로'이자
진정한 인연을 선물해주는 '마법의 말'입니다.
좋은 언어가 좋은 인생을 만듭니다.

내가 잘 살 수 있는 이유는

시간이 많이 지난 후에야 비로소 우리는
내가 이뤘다고 생각했던 모든 것이
나만의 것이 아니라는 사실을 깨닫게 됩니다.

내가 운전을 안전하고 능숙하게 잘한다고 해서
교통사고가 날 가능성이 전혀 없는 게 아니듯
내가 열심히 하더라도
원하는 것을 다 이룰 수 없는 게 세상의 이치입니다.

내가 잘나서 먹고사는 게 아니라,
나를 아껴주는 수많은 사람들이 있기에
오늘도 이렇게 살아갈 수 있다는 사실을 깨달아야 합니다.

겸손은 아름다운 삶을 완성하는 마지막 조각이다

세상의 도움으로 내가 살고 있음을 아는 사람은

세상에 감사하는 마음으로 겸손하게 일상을 보냅니다.

덕분에 그들은 일생을 살며 단 한순간도 엇나가지 않습니다.

겸손은 사람의 삶을 아름답게 완성하는 마지막 조각입니다.

사람이 세상을 떠나는 순간 육체와 물질은 사라져 없어지지만

겸손한 마음만은 그 자리에 남아 영원히 그의 존재를 빛나게 해줍니다.

이런 부모를 보고 자란 아이는

자연스레 그런 어른으로 성장할 것입니다.

세상은 선의를 결코 잊지 않는다

몸이 불편해 어려움을 겪는 사람을 도와주거나
마음이 힘든 친구를 보살펴주려 마음을 쓰면
그 행동을 통해 오히려 우리 마음이 행복해집니다.

한 사람이 가진 마음의 크기는
'얼마나 많은 힘을 축적하고 있느냐?'가 아니라,
'다른 사람을 위해 얼마나 그 힘을 쓰고 있느냐?'가 결정하지요.

아무도 모르는 것처럼 보이지만
세상은 당신의 선의를 결코 잊지 않습니다.
도움이 필요한 사람을 도운 자는
언젠가 분명 세상의 축복을 받고,
희망을 잃은 사람에게 살아갈 힘을 준 자는
그가 다시금 일어나 힘껏 살아가는 모습을 통해
영혼이 받을 수 있는 가장 귀한 마음을 받습니다.

아이를 공부의 세계로 이끌고 싶다면

세상 모든 부모의 마음은 같습니다.
자신의 아이가 공부를 잘하기를 바라지요.
공부를 잘하기 위해서는 어떻게 해야 할까요?
당연하게 들릴 수 있지만
우선 공부라는 세계에 발을 내디뎌야 합니다.

아이에게 타인을 도우려는 마음이 있다면
공부의 세계로 발을 뻗는 데 훨씬 유리합니다.
지식과 지혜를 축적하는 지적 수단인 공부,
공부의 본연의 목적은 결국 인류 발전에 이바지하고
타인에게 도움을 주는 데 있기 때문입니다.
누군가를 도우려는 마음이 있어야
배움을 멈추지 않고 순수한 마음으로
진리를 추구할 수 있습니다.

아이를 공부의 세계로 이끌고 싶다면
먼저 타인을 돕는 마음을 갖도록 해주세요.
부모의 모범은 필수입니다.

보상에 길들여진 아이는 자율성을 잃는다

지성과 인성, 그리고 기품까지 모두 갖춘 사람들은
'무엇을 원해서 공부하는가?'라는 질문에 이렇게 답합니다.

"제가 원해서 합니다.
보상을 원해서 공부하는 게 아닙니다."

아이에게 무언가를 시키며 보상을 약속하지 마세요.
아이에게 채찍을 써도 안 되지만
매 순간 남발하는 당근도 좋지 않습니다.
보상에 길들여진 아이는 자율성을 잃어버립니다.
자기 주도도 어려워집니다.
자기 삶의 주인이 되기는 더더욱 힘듭니다.

아이에게 바라는 것, 보고 싶은 모습이 있다면
부모가 자신의 일상에서 먼저 실천하세요.
세상에서 가장 완벽한 미리보기는
모니터가 아닌 부모의 삶에 존재합니다.

타인을 비난할 시간에 나 자신을 돌보라

타인의 행동을 비난하는 일은
우리 삶에서 가장 쓸데없는 행동입니다.
누군가를 비난하는 데 나의 에너지를 쓰는 건
너무 비생산적인 일이지요.
우선 나 자신에게 아무런 도움이 되지 않습니다.
비난은 늘 '분노'라는 감정과 함께 오기에
나의 마음에 악영향을 끼칩니다.

자신을 돌보는 데 에너지와 시간을 쓰세요.
쓸데없이 분노하는 대신,
반복되는 일상에 무뎌져버린
당신의 감수성과 이성을 깨우는 데 집중하세요.

아이는 부모의 뒷모습을 보고 자랍니다.
타인을 비난하는 내 아이의 미래를 만나고 싶지 않다면
남보다는 자신에게 더 마음을 쓰세요.

경쟁보다는 나눔을 부르는 아이

하나의 작은 촛불만 있어도
많은 사람이 빛을 볼 수 있습니다.
하지만 주위 사람과 무엇도 나누지 않으려 하면
아무리 거대한 촛불을 갖고 있다 한들 아무런 소용이 없지요.
혼자 독차지하려는 이기적인 마음과
무조건 이기려는 경쟁심을 버리면
모두가 만족하는 좋은 오늘을 만날 수 있습니다.
승부가 아님에도 늘 승부를 걸어 남을 이기려는 사람은
매번 자신보다 강한 적을 만나지만,
상대방을 인정하며 늘 좋은 것을 나누려는 사람은
생각지도 못한 깨달음과 기쁨을 만나게 됩니다.

여러분은 무엇을 부르며 살고 있나요?
경쟁인가요, 나눔인가요?
사람은 결국 자신이 부르는 것과 만납니다.

아이는 부모가 보여준 것만 배운다

부모가 서로 아끼고 사랑하면
아이는 주변인과 사랑을 나누는 법을 배울 수 있고,
부모가 서로 싸우고 증오하면
아이는 관계에서 미움과 결별의 이유부터 발견하게 됩니다.
아이가 여러분의 삶에서 무엇을 배우고 발견하기를 바라나요?

아이는 자신의 경험에서 배움을 얻지,
자신이 경험하지 않은 것에서 무언가를 발견하지 않습니다.

아이가 무언가를 배우고 찾았다면
그것은 과거 어느 순간에
부모가 보여줬을 가능성이 매우 높습니다.

아이가 친구 때문에 힘들어한다면

무조건 좋기만 한 친구를 만나는 건 어려운 일입니다.
잘 안 맞는 친구가 있을 때
어른들은 만남의 횟수를 점차 줄여나가면 되지만
아이들은 같은 놀이터나 교실에서
매일 마주쳐야 합니다.

아이가 자신과 달라 조금 불편한 친구가 있다고 하면,
최대한 그와 잘 지낼 수 있도록 도와주세요.

"서로 다를 수 있어. 옳고 그름이 아니야."
"네가 먼저 다가가보면 어때?"
"친구를 밀어내는 건 좋지 않아."
"그 친구의 어떤 부분이 마음에 안 들어?
너의 마음을 친구에게 어떻게 전할 수 있을지 고민해보자."

많은 시간을 함께하는 친구들과 좋은 관계를 쌓아야
좋은 하루도 만들 수 있습니다.

소극적인 아이를 한발 움직이게 하려면

소극적인 성격이 반드시 나쁜 것은 아닙니다.
다만 가까이 다가가지 않으면 보이지 않는 것들이 있고,
늘 주저하며 곁에 다가서지 못하면 평생 볼 수 없습니다.

"자신 있게 살아가면 희망과 용기가 생긴단다."
"적극적으로 부딪쳐봐야 제대로 알 수 있지."
"어렵게 느껴질 수 있어. 하지만 막상 발을 떼보면 그렇게 어렵지만은 않아."

아이에게 이러한 말을 자주 들려주면서
자연스럽게 발을 뗄 수 있게 도와주세요.

소극적인 아이가 답답하다고 큰소리로 화를 내지는 마세요.
거대한 힘만이 아이를 움직이는 건 아닙니다.
부드러운 방식으로도 아이의 마음을 흔들 수 있습니다.
입김을 작게 불어야 여린 꽃이 아름답게 흔들리는 일처럼 말이지요.
소극적인 아이일수록 부모가 작은 입김으로 말을 전해야 합니다.
그런 부모와 함께일 때
아이는 세상을 자신의 향기로 물들일 수 있습니다.

좋은 사람과 쉬운 사람은 다르다

부당한 일을 당하거나 목격했을 때
사람에 따라 완전히 다른 행동이 나옵니다.
소인배는 말로만 일을 해결하려고 하고,
대인배는 행동이라는 가장 견고한 언어를 활용합니다.
가장 튼튼한 주장은 행동으로 다져진 굳센 다리에서 나오죠.

아무리 신뢰하고 좋아하는 사람일지라도
그가 당신을 함부로 대할 때는 냉정해야 합니다.
그가 나쁜 일을 저지를 때도
용기를 내 다가가 솔직하게 말해줘야 합니다.
생각만 하거나 속삭이지 말고,
분명한 행동으로 상대에게 알려야 합니다.
그가 나와 주변 사람에게 함부로 하지 않도록
분명히 생각을 전하는 게 좋습니다.
좋은 사람과 쉬운 사람은 다릅니다.

자신의 생각대로 움직이는 아이

살아가며 기억해야 할 사실 중 하나는,
우리가 다른 누군가의 기대를 충족시키기 위해
이 세상에 태어난 건 아니라는 것입니다.

원하는 일이 아님에도 거절하지 못하고
상대방에게 질질 끌려다니면
아이의 내면은 점점 나약해집니다.
아이가 자신의 생각을 믿고
자신의 선택을 강하게 외치며
자신을 위해 살 수 있게 도와주세요.
그러기 위해서는 아이가 자신의 생각대로 움직이면서
자신이 원하지 않는 일 앞에서는 멈출 수 있어야 합니다.

"내 안에 깃든 생각은 무엇보다 귀하니,
나는 내 생각이 이끄는 선택을 하겠습니다."
"누구도 나를 흔들 수는 없습니다.
나는 나를 위해 태어난 사람입니다."

자신의 생각을 탄탄하게 다질 수 있는 말들을
삶에서 마주하는 장면 곳곳에서 반복한다면
아이는 자신이 원하는 모습으로 살 수 있을 것입니다.

태양보다 더 빛나는 아이

아이를 훌륭하게 키우고 싶다면,

부모 그늘에서만 빛나기보다는

세상이라는 넓은 곳에서

태양보다 더 빛나는 아이가 되게 하세요.

밝은 빛 중에서도 유독 빛나서,

누구도 그냥 지나칠 수 없는

찬란한 사람으로 키우세요.

방법은 간단합니다.

다른 빛을 흉내 내지 않고,

아이가 가진 빛,

그 빛 그대로 자랄 수 있게 도와주면 됩니다.

세상의 말에 아이가 상처받지 않으려면

남들이 나를 바보라고 한다고 해서
내가 진짜 바보가 되는 건 아닙니다.
내게 조금의 애정도 없는 사람들이 생각 없이 던진 말에
굳이 내 아까운 시간을 투자하며
마음 아파하는 건 비효율적인 선택입니다.

배가 덜 나온 것처럼 숨겨주는 옷은 있지만,
나온 배를 아예 싹 가려주는 옷은 없습니다.
언제라도 근사한 몸을 보여주기 위해서는
평소에 잘 준비하고 관리해야 합니다.
이렇게 하루하루 열심히 노력하는 삶을 살면
남들의 나쁜 말에도 단단하게 대처할 수 있습니다.
우리가 늘 준비하고 또 노력하고 있다면
남들이 하는 말에 굳이 신경 쓰지 않아도 됩니다.

아이에게 늘 이런 말을 들려주세요.

"자신이 보낸 하루를 믿는 사람은 타인의 말에 흔들리지 않아."
"누구도 네 마음을 아프게 할 수 없어. 네 마음은 너의 것이니까."

삶에서 받는 각자의 상처는

결국 자신을 향한 믿음이 부족해서 생깁니다.

자신이 걸어왔던 시간을 믿는다면

어떤 말에도 상처받지 않을 수 있습니다.

다르기 때문에 특별한 아이

'틀리다'와 '다르다'의 차이를 알면서도
자주 잊게 되는 이유는 간단합니다.
아이를 더 좋게 바꾼다는 의도로
자꾸 다른 아이와 비교하는 시선으로 바라봐서 그렇습니다.

비교가 다 나쁜 건 아닙니다.
'어제의 내 아이'와 '오늘의 내 아이'를 비교하는 건 괜찮습니다.
하지만 '내 아이의 실수'와 '다른 아이의 성공'을 비교하는 건
그저 내 아이의 분노와 원망을 키울 뿐입니다.
그런 부모 아래에서 자란 아이는
세상에 부정적인 생각을 가질 수밖에 없습니다.

아이의 생각, 아이의 성장은 틀린 게 아니라 다른 것입니다.
일상에서 부모가 아이에게 제대로 된 비교를 보여준다면
아이는 자연스럽게 다름을 인정할 줄 아는 사람으로
성장할 수 있습니다.

모든 아이는 저마다 다 다릅니다.
다르기 때문에 모든 아이는 특별합니다.

자연을 사랑하면 언제고 깨달음을 얻는다

자연이 인간에게 들려주는 내밀한 이야기를
'그냥 듣는 사람'과 '주의 깊게 듣는 사람'은
배움의 크기에서 매우 큰 차이가 납니다.

힘없이 떨어지는 낙엽을
사랑하는 마음으로 자세히 보는 아이는
초록 나뭇잎이 싱그럽게 태어났던 순간을 기억하고
이제는 비쩍 말라서 사라지는 낙엽의 아픔을 이해하며
시간이 지나 다시금 초록 생명을 만날 날을 기다립니다.

동물, 식물, 자연 등 자신을 둘러싼 것들을
사랑하며 보듬고 관심을 갖고 지켜볼 줄 아는 아이는
좋은 책상과 멋진 공부방이 없더라도
언제든 근사한 깨달음을 얻을 수 있습니다.
사랑하는 눈으로 바라보기만 한다면
광활한 자연 앞에서도 어두운 골목 안에서도
늘 자기만의 새로운 사실을 발견할 수 있으니까요.
사랑의 크기가 배움의 크기입니다.

PART 3

어른이 되기 전 바로 세워야 할 원칙들

부모의 철학을 만드는 세 가지 질문

"내 삶의 의미는 무엇인가?"

"내 교육 철학은 무엇인가?"

"아이가 어떤 사람이 되기를 바라는가?"

어렵고도 쉬운 질문일 수 있습니다.

그러나 이 질문을 마음에서 놓지 마세요.

질문에 대한 답을 찾아가는 과정에서

일과 삶, 사랑과 행복, 성장과 성공에 대한

우리 가정의 철학이 만들어질 거예요.

철학이 없는 부모는

아이의 인생을 방황으로 내몰 수 있습니다.

아이에게 물려주고 싶은 것

좋은 태도가 좋은 인생을 결정합니다.

게으르고 나태한 일상은 나를 망치는 독입니다.

나는 상대의 이야기를 거만한 자세로 듣지 않겠습니다.

공공장소에서 크게 소리치지 않고,

사람을 무시하듯 바라보지도 않겠습니다.

좋은 결과는 좋은 시작이 결정합니다.

시작부터 위대해야 좋은 결과를 낼 수 있습니다.

시작과 과정에 모든 것을 담겠습니다.

내 안에 있는 가장 좋은 것만

내 아이에게 전하겠습니다.

기품 있는 삶의 조건

기품 있는 삶은
지식이나 돈, 명예로 만들어지는 게 아니라
도덕적인 일상의 축적으로 완성됩니다.

영화배우 오드리 헵번은
인간으로서 들여다볼 때 더욱 기품이 넘칩니다.
어려운 사람들을 위한 기부와 봉사를 멈추지 않았고,
그런 그녀의 삶을 기념하는 평화상까지 있을 정도이니까요.

헵번의 어머니는 그녀에게 항상 이렇게 당부했습니다.

언제나 친절할 것, 시간을 철저히 지킬 것,
경청할 것, 바른 자세를 유지할 것,
자제력을 잃지 않을 것,
자신에게 무엇이 가장 소중한지 발견할 것,
시선을 내면으로 돌릴 것.

"나는 어머니의 인생관을 그대로 물려받았다."라는
헵번의 말에 그녀의 어머니는 이렇게 답했습니다.
"나는 내 딸이 재능을 가꾸는 데 해준 일이 없다.
자기 삶과 존재에 자부심을 느끼도록 했을 뿐이다."

'능숙'의 필요충분조건

무엇이든 시작하는 방법은 가르칠 수 있지만
능숙해지는 법까지는 가르칠 수 없습니다.
무언가에 능숙해지기 위해서는
과정에 집중한 끊임없는 노력,
실패해도 다시 시도하는 열정,
포기하지 않는 마음이 있어야 가능합니다.
걸음마를 처음 배운 아이가 바로 뛸 수 없고
한글을 처음 배운 아이가 바로 책을 읽을 수 없듯이
무언가에 능숙해지기 위해서는 시간이라는 정교한 틀을 통과해야 합니다.
능숙해지는 건 이 시간 속에서 아이 스스로 해내야 할 온전한 몫입니다.
부모는 사랑과 기다림으로 이 길을 함께 걸어야 합니다.

자존감은 대물림된다

어떤 바람에도 흔들리지 않는 강한 자존감은
아무도 나를 주목하지 않아도
누군가의 응원이나 지지가 없어도
꿋꿋이 내 길을 가겠다는
탄탄한 내면의 힘에서 나옵니다.

부모는 자기 안에 있는 모든 것을 믿어야 합니다.
부모의 높은 자존감은 아이에게 차곡차곡 쌓여
자존감의 크기와 강도까지 결정하기 때문이죠.
부모의 아낌없는 응원과 지지를 받은 아이는
스스로의 길을 선택할 줄 알며
그 길을 묵묵히 걸어 나갑니다.

좋은 생각을 지니고 살면

좋은 습관을 갖는 것도 중요하지만
그보다 먼저 좋은 생각을 가져야 합니다.
생각하지 않으면 습관대로 살기 쉽고
그럴 때 좋은 습관은 순식간에 나쁜 습관으로 바뀔 수 있습니다.
하지만 좋은 생각을 지니고 있다면
좋은 태도가 나를 떠나지 않게 꼭 붙잡고 있을 수 있습니다.

언제나 '나'라는 존재에 대해
치열하게 생각하고
질문하는 아이로 키우세요.

"요즘 어떤 생각을 자주 하니?"
"최근에 가장 좋았던 순간은 언제였니?"
"오늘은 뭘 해볼 생각이야?"

자신의 어제와 오늘,
그리고 내일에 대해 끊임없이 생각하는 아이의 세계는
나날이 넓어지고 깊어집니다.

세상에서 가장 아름다운 풍경

부모가 아이에게 줄 수 있는 최고의 가르침은
스스로 웃는 법을 알려주는 것이고,
세상에서 가장 아름다운 가정은
아이와 부모가 서로를 바라보며 웃는 집입니다.
좋은 소식이 끊이지 않는 가정에서는
웃음소리 역시 끊이지 않습니다.

부모가 감정을 선명하게 표현해야 하는 이유

기쁨, 환희, 슬픔, 미움, 열망, 낙담 등
우리는 하루에도 수많은 감정을 느끼지만
그걸 밖으로 꺼내는 건 굉장히 어려운 일입니다.

다양한 감정에 대해 배울 기회가 적었을 수 있고
그래서 감정을 표현하는 일이 더욱 어려웠을 수 있습니다.
더구나 화, 슬픔, 실망 등 부정적인 감정을 표현했을 때
자신이 부모에게 받았던 꾸지람이 생각나
다른 감정들까지 표현하기 꺼려지고
심지어는 내 감정을 숨기는 일에 익숙해졌을 수 있습니다.

하지만 이제라도 선명하게 감정 표현을 해야 합니다.
그래야 아이도 다양한 감정을 배워 나갈 수 있습니다.
무궁무진한 감정의 세계에 빠져 있을 때
아이는 인간을 더 깊게 이해할 수 있고
겹겹의 이야기가 많은 더욱 풍성한 삶을 살 수 있습니다.

부정적인 감정도 표현하게 해주세요.
슬플 때, 아플 때, 절망스러울 때, 머리가 복잡할 때
어떻게 대응해야 하는지 배운다면
아이는 어제보다 더 현명해질 수 있습니다.

반복은 습관을, 습관은 미래를 만든다

아이의 미래를 긍정적으로 떠올리다가도
문득 불안한 마음과 부정적인 생각이 엄습합니다.
한 번 부정적인 생각이 들면 열 번 긍정적인 생각을
열 번 부정적인 생각이 들면 백 번 긍정적인 생각을 하며
의식적으로 자신의 삶을 긍정 주파수에 맞추세요.
긍정의 반복은 긍정의 습관이 될 것입니다.
긍정의 습관은 긍정의 미래가 될 것입니다.

아이의 의향을 물어서는 안 될 때

아이의 뜻과 의지를 존중하는 일은 바람직합니다.
하지만 당연히 지켜야 할 규칙들까지
아이의 의향을 묻고 배려한다면
오히려 아이를 망칠지도 모릅니다.

'식사 후 자신의 그릇 치우기'
'장난감 정리하기'
'양치질하기'

이런 것들까지 의향을 묻는다면
'아, 이런 건 내가 안 해도 상관없구나.'라고
아이는 생각합니다.
당연한 일에 대해서는
아이에게 선택권을 주지 마시고
왜 해야 하는지를 설명해주세요.
반드시 지켜야 할 규칙이 있고
그걸 지킬 때 더 나은 사람이 된다는 사실을
아이가 알게 해주세요.

처음부터 사소한 인생은 없다

일상을 가볍게 여기지 마세요.
지금 당신이 불행하다면
그건 언젠가 가볍게 흘려보낸 시간의 복수입니다.
하루를 시작할 때마다
필요와 욕심을 구분하고
원칙을 분명히 세워 내가 중심이 되는 삶을 사세요.
타인을 비난하지 말고 세상 모든 것을 사랑하세요.
그럼에도 내 삶이 초라하게 느껴진다면
처음부터 사소한 인생은 없다는 사실을 기억하세요.
주어진 시간을 사소히 여기며 소비한 대가로
사소한 인생을 얻게 되었을 뿐입니다.

된다고 생각하면 모든 게 달라진다

여러분의 출발선이 남들보다
조금 뒤에 있다고 생각하나요?
그럼 앞으로 나갈 좋은 방법이 하나 있습니다.
가능성을 대하는 태도를 바꾸는 것이죠.

'가능성'을 먼저 생각하는 습관을 지니면
된다는 생각에서 시작할 수 있지만,
'불가능'을 먼저 생각하는 습관을 지니면
안 된다는 생각에서 출발하게 됩니다.
뭐든 가능하다는 각오로 시작하는 부모를 볼 때
아이는 삶의 사전에서
불가능이라는 단어를 지워낼 것입니다.

화내서 풀 수 있는 문제는 없다

누군가 상대에게
앞뒤 없이 신경질을 내고
왜 말뜻을 이해하지 못하냐며 분노하고
행동이 마음에 안 든다며 명령조로 말을 뱉는다면
그 둘은 흡사 주인과 노예 같아 보일 겁니다.

직장에서 이런 대우를 받아도 서럽고 화가 날 텐데
만약 부모에게 이런 대우를 받는다면
아이의 마음은 어떨까요?
아이는 무슨 생각을 할까요?

설령 아이가 잘못을 저질렀다고 해도
화내면서 야단친다면 아무런 효과가 없습니다.
이 세상에 화를 내서 풀 수 있는 문제는
하나도 없다는 걸 명심하세요.

아이를 실천하게 하는 힘

부모가 무언가를 가르쳤는데

아이가 이를 실천에 옮기지 않았다면

그건 아이의 잘못이 아닙니다.

당장 실천하고 싶을 정도로 가슴을 뛰게 만들지 못한

부모에게 잘못이 있습니다.

아이를 잘 키우기 위한 나만의 철학을 단단히 세우세요.

부모가 근사한 가치를 보여줄 때 아이는 바로 실천합니다.

아이 삶에 빈 공간을 만들어줘야 하는 이유

너무 많은 책을 읽어주면
아이는 스스로 생각할 시간을 잃게 되고,
너무 많은 것을 보여주면
오히려 아이는 아무것도 볼 수 없습니다.
아이 삶에 빈 공간을 만들어줘야 합니다.

모든 공간을 부모가 다 채우려고 하지 마세요.
스스로 채울 공간이 남아 있지 않으면
아이는 생각하기를 멈춰버릴 것입니다.

혼자 있는 시간,
혼자 생각하는 시간,
혼자 공부하고 독서하는 사색의 시간이 있어야만
아이의 일상에 빈 공간이 만들어지고
비로소 그때 아이는 앞으로 채워나갈 순백의 도화지를 얻게 됩니다.

무작정 많은 선택권을 주기보다는

아이가 아주 어릴 때
무작정 너무 많은 선택권을 주는 건
오히려 판단을 어렵게 만들기도 합니다.
이제 막 인생을 시작한 아이에게
일상은 모르는 것투성이기 때문입니다.
경험하지 못한 일이 더 많고
가보지 않은 곳이 더 많으며
처음 만나는 것들이 수두룩합니다.

부모는 아이의 인생 선배이자 선생님입니다.
아이가 모르는 건 설명해주고 가르쳐준 다음
아이의 선택을 기다려주세요.
그런 선택의 과정들이 쌓이면
아이는 더 나은 판단과 결정, 선택을 할 수 있습니다.

원칙을 분명히 하라

원칙이 없는 사람의 일상은 불행합니다.
원칙이 있는 사람의 명령을 평생 따르며 살아야 하기 때문입니다.
결국 그가 하는 모든 말과 행동은 타인을 위한 것이기에
아무리 열심히 일한다 해도
자기 삶에 긍정적인 변화를 끌어올 수 없습니다.
그런 삶은 최악의 시간 낭비인 셈입니다.

또한 원칙에 대한 강한 믿음도 중요합니다.
그래야 세상의 유혹에 흔들리지 않고
조금의 낭비도 하지 않는
최적화된 일상을 보낼 수 있습니다.
부모가 자신의 원칙을 지키며 내면의 중심에 머물면
아이는 그 모습을 보며
스스로 자신을 완성할 것입니다.

도전을 알려주는 부모는 위대하다

인간의 한계를 정확히 가르쳐주는 부모는

현명한 부모입니다.

하지만 그럼에도 불구하고

인간은 도전해야 한다는 사실을 가르쳐주는 부모는

위대한 부모입니다.

도전은 아이에게 희망을 선물합니다.

희망은 저절로 얻어지는 것이 아닙니다.

다양한 관점에서 상황을 분석하고

자신 있게 도전하는 사람에게만 주어지는

빼앗을 수 없는 특권입니다.

아이의 도전 의식을 높여주는 방법

아이가 도전을 즐기며 새로운 것에
거부감이 없는 사람으로 성장하기를
많은 부모가 바라고 있습니다.
하지만 아이들은 낯선 것에 대한 두려움이 커서
도전이 쉽지 않습니다.

아이의 도전 의식을 높이는 방법은 무엇일까요?
부모가 먼저 도전하는 모습을 보여주면 됩니다.
그리고 아이와 함께 이렇게 외쳐보세요.

"나는 뭐든 할 수 있는 사람이다."
"시작하는 사람이 결국은 해낸다."

무엇이든 스스로 주도해서 이룬 결과만이
자기 삶에 긍정적으로 쌓이는 법입니다.
자기 주도성을 기르기 위한
도전 의식과 태도를 만들어줘야 합니다.

아이가 바른 어른이 되기를 원한다면

아이가 끝까지 바른길로 걸어 나가기를 바란다면
'어떻게 해야 바르게 살 수 있을까?'라는 질문을
아이 스스로 자주 떠올릴 수 있게 도와주세요.

삶의 길을 찾고 있는 아이와 함께
바르게 사는 법에 대해
진지하게 묻고 답하는 시간을 가져보세요.

PART 4

아이의 삶에 빛이 되는 부모의 한마디

한마디도 허투루 하지 않기를

아이는 두 번 태어납니다.

부모의 사랑으로 처음 세상에 태어나고

부모의 말로 다시 한번 새롭게 태어날 기회를 얻습니다.

이 기회를 어떻게 잡으시겠습니까?

부모의 말은 아이 삶의 로드맵입니다.

행복의 길을 걷게 될지

불행의 길을 걷게 될지

부모의 말이 가장 큰 영향력을 발휘합니다.

그렇기에 부모의 말은 아이에게 생명입니다.

하루 한마디도 허투루 하지 마세요.

오늘 내가 한 말이 아이에게

어떤 생명의 씨앗으로 가닿았을지

생명이 될 정도의 가치가 있었는지

돌이켜보는 시간을 가져보세요.

사랑을 전하는 데 어휘력은 중요하지 않다

부모의 어휘력 수준이 높아야만
아이에게 예쁜 말을 들려줄 수 있는 건 아닙니다.
지금 그 상태로도 충분히
아이에게 예쁜 말을 들려줄 수 있습니다.
마음의 눈으로 아이를 바라본다면
언제고 내 안에서 가장 예쁜 말을 꺼낼 수 있습니다.

"소중한 마음을 어떻게 전할 수 있을까?"
"어떤 말을 해야 아이를 기쁘게 해줄 수 있을까?"
"같은 말도 예쁘게 하려면 어떤 표현을 써야 할까?"

이 질문들을 마음속에 늘 품기를 바랍니다.

말하기 전에 한 번 더 생각하라

하는 말마다 예쁘게 하는 사람들이 있습니다.
그들의 말에는 배려와 존중이 자리합니다.
그들의 자연스러운 언행을 보며 타고난 거라 생각하기 쉽지만,
오랜 시간에 걸쳐 치열하게 공부하고 연습한 결과입니다.
자연스러운 것들은 오히려 피나는 노력으로 만들어집니다.

말하기 전에 한 번 더 생각하세요.
두 번 더 생각해도 부족하지 않습니다.
생각을 많이 할수록
말은 더 깊고 진한 향기를 전할 겁니다.

따스한 말을 듣고 자란 아이

부모의 말은 아이가 살아갈 정원이자 삶의 자본입니다.
부모의 따스한 말을 듣고 자란 아이와
그렇지 못한 아이의 미래는 천지 차이입니다.

부모에게 따스한 말을 들어본 적이 없는 아이는
사회성이 발달하지 못해 대인 관계에 어려움을 겪을 수 있습니다.

반면, 따스한 말을 듣고 자란 아이는
스스로를 소중히 여길 줄 알며 자존감이 높습니다.
불신보다는 신뢰로 사람들을 만나고 세상을 경험합니다.
혹여 어려운 문제에 부딪쳐 스트레스를 받을지라도 잘 극복하고
새로운 환경에서도 보란 듯이 잘 적응합니다.

아이에게 따스한 말 한마디를 건네보세요.
해본 적도 들어본 적도 없어
어떤 말이 아이에게 따스할지 모르겠다면
"네가 내 아이로 태어나줘서 정말 고마워!"
이렇게 말해보세요.

긍정의 말이 가져오는 효과

무슨 일을 시작하든
아이를 위해 가장 먼저 해야 할 건
그 일에 대한 긍정적인 생각을 갖는 일입니다.

"이번에도 잘될 거야."
"내 아이는 점점 근사해질 거야."
"더 좋은 소식이 찾아올 거야."

이런 긍정적인 생각들이
시작하려는 일의 가능성을 결정합니다.

'덕분'이라는 마법의 말을 자주 사용하라

좋은 소식이 끊이지 않는 사람이 되려면
먼저 좋은 방향의 언어를 찾아야 합니다.

'때문에' 대신 '덕분에'라고 말해보세요.
'때문에' 뒤에는 부정적인 상황이나 못된 마음이 나오지만
'덕분에' 뒤에는 긍정적인 상황이나 좋은 마음이 나옵니다.

상황 그 자체를 바꿀 수는 없지만
상황을 바라보는 내 시선과 언어를 바꿈으로써
내 삶은 더 좋은 방향으로 움직이며 성장할 수 있습니다.

아이에게도 '덕분에'라고 말해주세요.
"내가 너 때문에 얼마나 고생하는데!" 대신에
"네 덕분에 엄마, 아빠는 무척 행복하단다!"라고 말한다면
부모는 물론 아이도 큰 행복을 누릴 수 있습니다.

'안 했어'가 아닌 '못 했어'

"너 왜 숙제 안 했어?"

"너 왜 숙제 못 했어?"

두 질문은 비슷해 보이지만,

섬세하게 바라보면 많이 다릅니다.

'안 했어?' 뒤에는 '그러니까 혼나야지.'가 뒤따라오기에

아이는 어떻게 답해야 덜 혼날지만 궁리하기 바쁩니다.

자신의 실수를 돌아볼 기회를 억압하는 좋지 않은 표현입니다.

반면, '못 했어?'라고 물으면

아이는 '못 한' 이유를 생각합니다.

그 과정에서 과거를 돌아보며 반성하기도 합니다.

'안'에서 '못'으로 한 글자만 바꿔도

일상을 대하는 아이의 태도는 기적처럼 바뀝니다.

아이는 부모가 믿는 만큼 성장한다

아이가 부모에게 다가와
끝없이 이야기를 속삭이는 것은,
방금 무언가를 배웠다는 증거입니다.
아는 것을 설명하고 싶은 마음은
아이의 기본 욕구 중 하나입니다.

이럴 때 부모는 어떻게 하면 좋을까요?
기적을 만드는 대화법은 이렇습니다.

"와, 그런 생각을 했구나?"
"그 생각 참 멋지다!"
"너라서 발견할 수 있었던 거야!"

아이가 어리다는 이유로
무언가를 배우기 아직 이르다고 단정 짓는 건
아이의 성장을 막는 행동입니다.
부모가 믿어주면
아이의 성장은 무한대로 이어집니다.

아이와의 관계를 회복하는 말

사춘기 자녀가 부모와 점점 멀어지고
친구들과 더 많은 시간을 보내는 건
부모에게 이해받지 못하고 있다는 생각 때문입니다.

"네가 지금 게임이나 하면서 놀 때야?"
"아직도 정신 못 차렸니!"

"그럴 수 있어."
"그 나이에 그게 당연하지."

아이를 이해하는 부모라면 어떤 말을 해줄까요?
부모가 아이를 먼저 이해하면
아이는 닫았던 마음의 문을 활짝 열어
부모를 반갑게 맞이할 것입니다.

공감의 중요성

아이의 말과 행동에 숨겨진 이유와 목적을 찾으려면
아이의 현재 상태를 제대로 파악해야 합니다.
그러기 위해서는 아이와 대화할 때
무엇보다 '공감'을 앞에 둬야 합니다.
아이가 원하는 건 조언이나 잔소리가 아닙니다.
자신의 생각과 마음이 있는 그대로 공감받기를 원합니다.
부모의 공감은 아이의 심리에 안정을 주고
자존감과 자신감 향상에도 큰 도움이 됩니다.

"아, 네 생각은 그렇구나!"
"네가 많이 속상했겠구나!"

해답이나 대안을 제시하는 게 아닌
그저 마음을 알아주는 것,
그것이 바로 진실한 공감입니다.

‘끝’의 가치를 알려주는 말

무엇이든 한 번 시작한 일은
어떻게든 끝을 내는 게 좋습니다.
부모도 아이도 마찬가지입니다.

끝이 나야 시작과 과정 모두를
오롯이 자기 것으로 만들 수 있기 때문입니다.
시작만 하고 끝내지 못한 게 자꾸 쌓이면
아이의 미래는 어떻게 될까요?

성격은 변덕스러워지고 일상은 갈팡질팡해지며
인내심 없는 사람으로 성장하게 됩니다.

“힘들어도 끝까지 해보는 게 어떨까?”
“열매를 맺는 것도 중요한 일이야.”
“끝까지 가야만 보이는 것이 있어.”

끝의 가치를 알려주면
아이의 일상과 마음,
삶의 태도가 성장합니다.

자기 삶의 주인이 되려면

아이가 무언가를 오래 바라본다는 것은
어제보다 생각이 깊어졌다는 증거입니다.
생각이 깊어진다는 것은
아이가 자기 삶의 주인으로 살기 시작했다는 신호입니다.

"어떤 생각을 그렇게 오랫동안 했어?"
"대단한 생각을 했구나!"
"다음에는 뭘 시작할 생각이야?"

아이가 끊임없이
물음표와 느낌표 사이를 오갈 수 있게 해주면,
나날이 깊어지는 아이의 세계를
옆에서 지켜볼 수 있을 것입니다.

실수가 실패로 변질되지 않도록

실수는 누구나 합니다.
중요한 것은 실수가 실패로 이어지지 않게
예쁜 말로 아이를 안아주는 일입니다.
아이가 자신이 저지른 실수를
가벼운 마음으로 고백하게 도와주세요.
방법은 간단합니다.
아이가 실수를 고백할 때
어떤 꾸지람도 하지 않으면 됩니다.

"다 그런 거야."
"그럴 수 있지."
"너 열심히 한 거 우리가 다 알아."

실수한 아이를 부모가 예쁜 말로 안아주면,
아이는 좀 더 자유롭게 도전하며
실패를 모르는 사람으로 성장합니다.

화를 잘 풀 수 있게 도와주는 4단계 질문

'화'라는 감정은 어른뿐만 아니라
아이들도 자주 경험합니다.

주체할 수 없이 화를 분출하면
나쁜 말을 입에 달고 사는 고집쟁이 아이가 되고,
지나치게 화를 억누르면
자기주장이 없는 불안도 높은 아이가 됩니다.
현명한 부모라면 아이가 화를 제대로 낼 수 있게 도와줘야 합니다.

"화가 많이 났구나."
"무슨 일이 있었니?"
"그래, 마음이 정말 힘들겠다."
"어떻게 하면 화를 풀 수 있을까?"

이 4단계 질문은
아이가 화를 쌓아두지 않고
그 상황과 문제를 잘 해결할 수 있도록 도와줄 겁니다.

스스로 생각하는 아이로 키우는 세 가지 말

타인의 생각에 휘둘리는 사람은,
스스로 생각하는 사람을 결코 이길 수 없습니다.
이기지만 못하는 것이 아니라
주체적이고 건설적인 삶에서 점점 멀어지게 됩니다.

"너라면 뭐든 가능해."
"네가 하고 싶은 것을 해보는 게 중요해."
"다른 사람 의견은 참고만 하자."

부모가 아이에게 이렇게 말해준다면
아이는 자신을 가두고 있던 단단한 틀을 깨부수고
비로소 생각의 주인,
나아가 삶의 주인이 될 수 있습니다.

감사를 깨닫게 하는 질문법

우리는 늘 누군가의 도움을 받으며 살아갑니다.
아이가 그 모든 것의 고마움을 알 수 있도록 해주세요.

"여기에 뭐가 있을까?"
"세상에 저절로 되는 게 있을까?"
"저걸 이루기 위해서 저 사람은 무엇을 했을까?"

과정 속에 숨어 있어 눈으로 직접 확인하기 어려운 수고를
부모의 질문을 통해 아이가 깨달을 수 있게 해주세요.
그렇게 자란 아이는 일상에서 감사해야 할 것을
자연스럽게 찾을 수 있습니다.

진정한 독서를 위한 세 가지 질문

책은 작가가 생각한 것을 기록한 묶음이며,
독서는 그것을 읽으며
나의 생각을 끌어내고 정리하는 과정입니다.
아이가 그저 책장만 넘기는 독서를 하고 있다면,
그건 작가의 생각을 단순히 주입하는 행위에 불과합니다.
작가의 생각을 읽는 것만으로는
책의 가치를 내면에 담을 수 없습니다.
스스로 생각하며 독서하는 방법을 알려주세요.

"책을 읽으며 어떤 생각이 드니?"
"너의 눈길을 사로잡은 부분이 어디야?"
"왜 그 장면이 기억에 남았니?"

세 가지 질문을 통해
아이 스스로 생각하는 진짜 독서를 할 수 있게 해주세요.

창의성을 길러주는 세 가지 질문

아이들을 스펀지 같다고 표현합니다.
보고 듣고 배운 것을 그대로 받아들이기 때문이지요.
오로지 그것만 정답인 양 말입니다.

“이건 다르게 볼 수 있지 않을까?”
“그게 유일한 답일까?”
“다른 시각도 있지 않을까?”

창의성은 남과 다른 시선에서 나옵니다.
아이가 다양한 시각을 가질 수 있도록 질문해주세요.
묻고 답하는 과정에서
그간 접하지 못한 신세계가 펼쳐질 수 있습니다.

아이를 위한 것인가, 부모를 위한 것인가

지금 당신 앞에 선 작은 아이에게
마음대로 분노하고,
마음대로 명령하고,
학원에 다닐 것을 멋대로 강요하고 있다면,
좋은 의도에서 시작한 일일지라도
당장 멈추는 게 좋습니다.
그 의도는 부모의 것이지
아이의 것이 아니기 때문입니다.
부모의 의도와 아이의 마음은 같지 않습니다.

"이건 어떠니?"
"넌 무엇을 원해?"
"어떻게 하면 좋겠어?"

끊임없이 질문하며 아이를 결정에 참여시키세요.
내 아이를 위해
아이 마음에도 맞는 결정을 하는 게 좋습니다.

'내일의 가치'의 중요성

열심히 공부했지만
원하는 성적을 받지 못해 의기소침해진 아이에게
어떤 말을 해주면 좋을까요?

"다음 시험에는 분명 더 좋은 결과를 낼 거야."

아이의 점수를 거론하기보다는
지금껏 아이가 흘린 땀이 보여줄 '내일의 가치'를
상상할 수 있게 도와주세요.

자신의 내일에 기대를 품은 아이는
아무리 힘들어도 쉽게 포기하지 않습니다.

PART 5

아이의 인생을 망치는 부모의 한마디

근사한 조언보다는 조용히 들어줄 것

아이에게 위로가 필요한 순간에는
그저 가만히 이야기를 들어주는 게 좋습니다.

좋은 말도
한 번 하면 조언이지만
두 번 하면 잔소리고
세 번 하면 명령입니다.

소중한 마음을 담은 여러분의 말이
아이에게 어떻게 들리기를 바라나요?
위로인가요? 잔소리인가요? 명령인가요?

힘든 아이에게 필요한 존재는
근사한 조언을 해줄 멋진 어른이 아닙니다.
자신의 이야기를 조용히 들어줄 한 사람입니다.

습관적으로 뱉는 말이 인생을 결정한다

인간이 위대한 이유는 습관을 만들 수 있기 때문입니다.
습관은 한 번 만들어지면 그 힘이 점점 커집니다.
나중에는 그 습관이 사람의 인생을 결정하죠.
그렇기 때문에 나쁜 습관이 들지 않도록
항상 경계해야 합니다.

하지만 우리는 부모가 습관적으로 뱉는 나쁜 표현이
아이를 정교하게 조각한다는 걸 종종 잊고는 합니다.

"내가 그럼 그렇지!"
"귀찮아 죽겠다!"
"운도 지지리도 없지!"

이러한 부모의 말을 아이가 반복해 듣는다면 어떤 일이 일어날까요?
부모의 말과 꼭 닮은 사람으로 성장합니다.
늘 부정적으로 생각하고 무기력한 일상을 반복하면서
지독하게 운이 없는 사람이 되죠.
아이가 활짝 웃을 수 있는
희망과 사랑의 말을 자주 들려주세요.

아이의 가능성과 도전을 막는 말

어린 아이들에게는 매일이 새롭습니다.
아이들은 새로운 것을 시도하고 경험하면서
진정으로 배움을 얻고 비로소 성장합니다.
이때 아이에게 나쁜 영향을 주는 건
도전을 막고 가능성을 제한하는 말입니다.

"안 돼!"
"너는 어려서 할 수 없어."
"위험해! 엄마가 해줄게!"
"네 일이 아니야. 상관하지 마."

아이를 키우며 한 번쯤 해봤을 이 말들,
어쩌면 매일 하고 있을지 모르는 이 말들은
아이의 잠재력을 막는 무서운 말입니다.

한창 성장하는 아이들은
가능성이 담긴 말들을 온몸에 매일 흠뻑 맞아야 합니다.
그래야 자신의 앞길에 묻은 불가능이라는 얼룩을 지우고
자신의 가능성을 찾아낼 수 있습니다.
아이의 가능성을 막는 말을 이제 멈춰야 합니다.

아이에게 공포심을 주는 말

아이를 향한 부모의 위협적인 말은
아이가 가진 가능성을 짓밟아버립니다.

"너 이따 집에 가서 보자.
이번에는 진짜 혼날 줄 알아!"
"말 안 듣고 네 마음대로 할 거면
당장 집에서 나가! 나가서 혼자 살아!"

이런 말을 반복해서 듣고 자란 아이는
마음속으로 이렇게 되풀이합니다.

'제발 저를 버리지 마세요.
엄마, 아빠가 하라는 대로 뭐든 할게요.'

이제 아이들은 자신의 특별한 재능은 꽁꽁 감춘 채
부모가 명령한 길로만 평생 걷게 됩니다.
그런 아이에게 희망이나 꿈이 있을까요?
힘든 순간에도 한번 숨을 가다듬고
아이에게 좋은 말을 들려주세요.
공포나 위협은 부모의 말이 아닙니다.

경쟁을 부추기는 말

"네 친구는 이번에 시험 잘 봤던데!"
"이렇게 해서 앞으로 어떡할래?"

시험을 보고 온 아이에게 이렇게 말하는 건
결코 바람직하지 않습니다.
더구나 시험을 잘 보지 못한 경우라면
아이가 입었을 상처에 한 번 더 비수를 꽂는 셈이죠.
경쟁을 부추기는 부모의 말은 아이의 성장을 방해합니다.
아이는 경쟁이 불필요한 상황에서도
모든 삶의 문제를 경쟁의 구도로 바라보게 될 것입니다.
스스로에게 지친 아이는 결국 그 자리에 주저앉을 수밖에 없겠지요.

"시험 보느라 수고했다!"
"오늘은 푹 쉬렴."

따스한 한마디면 충분합니다.
아이에게 건네는 말에 타인을 쏙 뺀다면
아이 스스로 성장할 수 있는 토대가 됩니다.

아이 인생에 죄책감을 심는 말

부모가 아이에게 내리는
가장 가혹한 벌 중 하나는 죄책감입니다.

"너 때문에 엄마가 꼼짝도 못 해!"
"너 키우느라 힘들어 죽겠네."
"너 때문에 내 인생이 이렇게 됐어!"

이러한 말을 듣고 자라는 아이는
자신의 인생을 부정하게 되고
좋은 것보다는 나쁜 것을 먼저 보는 아이가 됩니다.

힘든 상황에서도 좋은 점을 먼저 보려 노력해보세요.
좋은 마음으로 좋은 말을 사용하면
자연스럽게 아이의 장점과 재능이 보이고,
아이의 자존감을 탄탄하게 다져줄
아름다운 말들이 샘솟을 거예요.

아이 인생의 주된 정서가
끈질긴 죄책감일지, 탄탄한 자존감일지는
부모의 말이 결정합니다.

아이의 꿈을 무시하는 말

아이가 신나서 자신의 꿈에 대해 말할 때
찬물을 끼얹는 부모가 꽤 많습니다.

"그 일 해서는 돈 많이 못 벌어."
"아무도 알아주지 않는 일이야."

부모의 말에 아이는 쉽게 상처받습니다.
인생 전체를 부정당했다고 느낄 정도로 타격을 받습니다.

한 사람의 꿈은
그것을 지지해주는 다른 한 사람에 의해
더 커지고 강해집니다.
꿈과 용기를 주는 부모가 되세요.
한마디만 바꿔도 아이의 삶이 달라집니다.

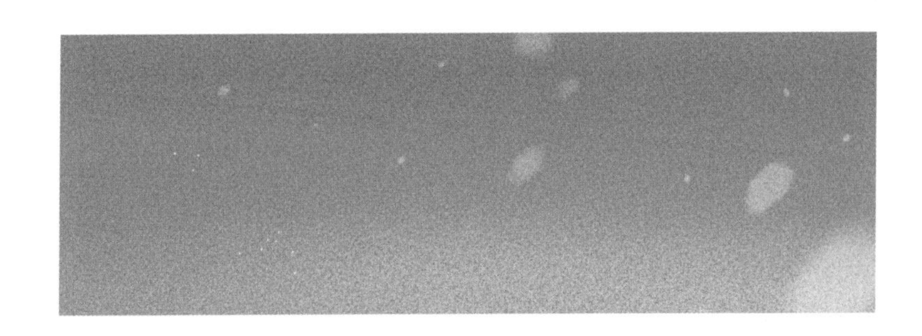

아이의 가치를 절하하는 말

타인과 비교당하고 싶지 않은 마음은 누구나 같습니다.
'나'를 그저 나로서 봐주었으면 합니다.
그런데 부모라는 이유로
아이를 옆집 혹은 학교 친구와 비교하고 있지는 않나요?
혹은 거기에 더해 형제끼리 비교하고 있지는 않나요?

"네 친구처럼 공부 좀 잘해봐."
"옆집 아이는 운동도 잘한다더라."
"나도 저런 아들 하나 있으면 좋겠다."

부모들은 은연중에 혹은 충격요법이라는 이유로
아이를 타인과 비교해 무시하고 가치를 절하하는 이런 말들을
일상에서 수없이 하고는 합니다.
이러한 말을 듣고 자라는 아이는
자존감이 떨어질 뿐만 아니라
부모에 대한 사랑과 믿음도 점점 잃어갑니다.
당신의 아이가 그렇게 자라도 괜찮겠습니까?

부모가 목소리를 낮춰야 아이가 귀를 기울인다

"이 녀석, 엄마 아빠 말 안 들을 거니!"

아이가 말을 듣지 않으면 부모의 목소리는 커집니다.

그럼 어떻게 될까요?

맞아요, 아이의 목소리도 함께 커집니다.

아주 사소하지만 분명한 진리를 기억해주세요.

목소리를 낮추면 오히려 말의 의미가 깊어집니다.

부모가 자신의 목소리를 낮추면

아이가 먼저 귀를 기울이며 부모에게 다가옵니다.

이해하지 못하면 나만 힘들어진다

"너를 도대체 이해할 수가 없어!"
"당신은 진짜 이해 불가야!"

아이와 배우자에게 이렇게 말하면
정작 불편해지는 건 누구일까요?
맞아요. 상대가 아닌 내가 힘들어집니다.
이해할 수 없다는 이유로
상대에게 마구 불평을 쏟아낼 때
그가 당장에 변하기를 바라겠지만
그런 일은 결코 일어나지 않습니다.
나만 더욱 힘들어질 뿐이죠.
내가 편해지려면 아이와 배우자를
좀 더 이해하겠다는 의지가 필요합니다.
이해한 만큼 알게 되고,
알게 되면 서로를 위한 좋은 생각도 하게 됩니다.

부정적인 말을 입에 달고 사는 부모

"도대체 네가 잘하는 게 뭐니?"
"너는 왜 그 모양이니?"

아이의 면면을 부정적으로 바라보는
부모의 입에서 쉽게 나오는 말들입니다.
이런 말을 듣고 자라는 아이는
자존감이 낮고 자신감도 떨어집니다.
부정적인 나날이 길어지면
대인 관계를 맺기 어려워지고,
새로운 환경에 적응하는 일도 쉽지 않습니다.

아이를 긍정의 눈으로 바라봐야 합니다.
아이에게 건넬 긍정의 말 서너 개 정도는
마음에 품고 있는 게 좋습니다.

공부만 강조하다가는

‘공부만 잘하면 뭐든 네 마음대로 해도 괜찮아.’

부모가 이런 생각을 가지고 있다면
아이는 그저 부모를 기쁘게 하기 위해,
누군가의 자랑거리가 되기 위해 공부할 것입니다.
자랑하고 싶어서 대기업에 들어가고
자랑하고 싶어서 값비싼 차와 집을 사는
주객이 전도된 삶을 사는 불행한 어른이 될 것입니다.

기대주와 유망주의 함정

'대한민국의 미래를 책임질 유망주!'
'우리 집안의 기대주!'
아이에게 좋은 말일까요, 나쁜 말일까요?

유망주나 기대주라는 말은
지금은 때가 아니거나
아직은 뭔가 좀 부족하지만
내일은 기대된다는 말입니다.
지금은 아니라는 그 작은 뉘앙스가
아이에게 부정적인 영향을 줍니다.
아이는 그 말을 듣고 이런 생각을 할지 모릅니다.

"아, 나는 아직 부족한 아이구나."

언제 다가올지 모르는 미래가 아닌
지금 아이가 잘하는 것을 찾아
가장 아름다운 표현으로
아이 귀에 들려주세요.
아이의 자긍심과 자존감이 한 뼘 자라날 거예요.

‘타고났다’라는 말의 위험성

재능이 뛰어나거나 실력이 좋은 사람을 두고
‘타고났다’는 표현을 쓰고는 합니다.
우리 아이 앞에서 다른 아이를 보며
“타고났네.”라고 말한 경험도 있을 겁니다.
하지만 이건 나의 아이를,
타고나지 않은 누군가를 가슴 아프게 하는 말입니다.
어떤 문제에 있어 ‘난 타고나지 못했으니까’ 생각하며
스스로를 무능하다고 여기고 시작도 전에 포기할 수 있으니까요.

생각을 바로잡을 필요가 있습니다.
‘타고났다’는 것은 재능이 대단하다는 말이 아니라,
그 분야에 관심을 갖고 있다는 뜻입니다.
공부에 타고난 것이 아니라
공부에 관심이 많은 것이고,
축구나 농구에 타고난 것이 아니라
관심이 많아 잘하게 된 것입니다.

재능 이전에 가져야 할 것은 관심입니다.
모든 것을 재능 탓으로 돌리면 포기하기 쉽습니다.
관심은 재능을 만들고
자기 삶에 최선을 다할 수 있는 원동력이 됩니다.

가족을 험담하는 말

바다에 잉크 한 병을 다 쏟아 부으면
순식간에 여기저기로 흩어집니다.
흩어진 잉크를 다시 병에 담을 수 있을까요?
아무리 현명하고 똑똑한 사람이 와도 해결 불가능한 일입니다.
험담이란 바로 이렇게 흩어져버려
다시는 주워 담을 수 없게 된 잉크와 같습니다.

모든 험담은 그 자체로도 좋지 않지만,
특히 배우자나 가족을 험담하는 부모의 말은
아이 삶에 그대로 쏟아져 삶을 송두리째 무너트립니다.

"이게 다 네 아빠 닮아서 그런 거야!"
"네 할머니가 늘 문제다!"

자신이 가장 사랑하는 부모의 입을 통해
이런 이야기를 듣는다는 건
아이 입장에서는 상상도 하기 싫은 장면입니다.
아이의 삶을 검은 잉크로 잠재우고 싶지 않다면
험담은 삼가고 배우자나 가족의 장점에 대해 말해주세요.
그러면 아이는 사랑하는 사람의 장점을 찾아 말해주는 일이
사람 마음을 얼마나 행복하게 해주는 일인지 알게 됩니다.

강압적인 말을 듣고 자란 아이

다 자란 어른들도 주변 사람들에게
명령조의 말이나 강압적인 말을 들으면 의기소침해집니다.
하물며 이제 막 자라나는 아이들은 어떨까요?

강압적인 말은 '좌절의 말'입니다.
좌절의 말을 듣고 자란 아이는
새로운 걸 배우려는 도전 의지가 약합니다.
혼자서는 아무것도 결정하지 못하고
심지어는 시도조차 하지 못할 확률이 높습니다.

아이의 표현력을 망치는 부모의 말 습관

"완전 대박! 소름 돋았어!"

듣고 맛보고 감동한 것들은
다 다른 모양을 띠는데
습관적으로 혹은 적절한 표현을 몰라서
자연스럽게 뱉는 말, 대박과 소름.
이 단어들로는 생각과 마음을
제대로 전달하기 어렵습니다.

"멜로디가 정말 아름답다."
"조금 단맛이 나지만 고급스런 음식이다."

구체적인 표현을 습관화하세요.
부모의 말 습관은 아이에게 그대로 전해집니다.

표현력은 인생의 깊이를 결정하는 중요한 요소입니다.
우리는 자신이 표현할 수 있는 세상만 발견합니다.
무엇을 보든 표현할 수 없다면
자신의 것으로 만들 수도,
내면에 담을 수도 없습니다.

아이의 수행 능력을 망치는 말

아이들은 왜 부모의 말을 잘 듣지 않을까요?
문제는 부모의 말에 있습니다.

"다 놀았으면 이제 장난감 정리하고
밥 먹고 난 후에는 씻을 준비해."

이게 왜 잘못됐는지
고개를 갸우뚱하는 부모도 있을 거예요.
일상에서 많이 하는 말이니까요.
하지만 아이 입장에서는 문제가 많은 말입니다.
너무 많은 일을 한 번에 시키는 부모의 말을 다 기억할 수도 없고
모두 해낼 능력도 없기 때문입니다.

한 번에 하나씩,
당장 할 수 있는 일을 시켜야
아이의 수행 능력이 좋아집니다.

아이를 다그치는 말의 위험성

어떤 일을 하는 데 시간제한이 있다면
어른이나 아이나 압박감과 조급함을 느낍니다.
불안감이 따라오는 건 당연하고요.
그럼에도 우리는 종종 이렇게 아이를 다그칩니다.

"언제까지 할 수 있겠어?"
"그렇게 느려서 앞으로 어떻게 살래?"

기다려주지 않는 부모 때문에
아이는 혼나지 않으려 대충대충 끝내는 데만 신경을 쓰고
심하면 답안지를 들추기도 합니다.

기다려주지 않는 부모 때문에
아이는 창의성을 잃어버리고
타인의 것을 베끼는 사람이 됩니다.

엉뚱한 아이에게 박수를

아이의 창의성을 키워주기 위해 다들 부단히 노력하지만
대부분의 부모는 그 방법을 제대로 알지 못합니다.

창의력이 좋은 아이들은
때로는 엉뚱한 생각과 행동으로
부모를 당황하게 만듭니다.
그런 아이의 모습이 상식에서 벗어난 것처럼 보여
부모는 심각하게 고민하기도 합니다.
그러고는 생각하지요.
'엉뚱한 짓 그만했으면 좋겠다!'
하지만 그 생각이 아이의 창의력을 죽이는 첫 시작입니다.

창의적인 아이를 원한다면
상식적으로 판단해서는 안 됩니다.
타인에게 피해를 주는 행동이 아니라면,
아이의 엉뚱한 생각과 행동에 박수를 쳐주는 것도 좋습니다.
상식에서 벗어난 자만이 새로운 것을 창조할 수 있습니다.